AF511413

BERICHTE ÜBER DIE VERHANDLUNGEN DER SÄCHSISCHEN AKADEMIE DER WISSENSCHAFTEN ZU LEIPZIG

Mathematisch-naturwissenschaftliche Klasse
Band 103 · Heft 5

WOLFGANG LANGENBECK

ZUR BIOCHEMIE DER SPURENMETALLE

AKADEMIE-VERLAG · BERLIN
1959

BERICHTE ÜBER DIE VERHANDLUNGEN DER SÄCHSISCHEN AKADEMIE DER WISSENSCHAFTEN ZU LEIPZIG

MATHEMATISCH-NATURWISSENSCHAFTLICHE KLASSE

Band 97

Heft 1 Prof. Dr. ERICH STRACK / Beobachtungen über den endogenen Anteil des Kot-Stickstoffs
24 Seiten – 8° – 1949 – DM 2,50 *(vergriffen)*

Heft 2 Prof. Dr. ERNST HÖLDER / Über die Variationsprinzipe der Mechanik der Kontinua
13 Seiten – 8° – 1950 – DM 2,75 *(vergriffen)*

Heft 3 Dr. H. GERSTNER / Dr. H. BAARK / Dr. H. GRAUL / Der Wechselstromwiderstand der Froschhaut
25 Seiten – 8° – DM 2,75 *(vergriffen)*

Heft 4 Prof. Dr. HERBERT BECKERT / Existenz- und Eindeutigkeitsbeweise für das Differenzenverfahren zur Lösung des Anfangswertproblems, des gemischten Anfangs-Randwert- und des charakteristischen Problems einer hyperbolischen Differentialgleichung zweiter Ordnung mit zwei unabhängigen Variablen
42 Seiten – 8° – 1950 – DM 9,– *(vergriffen)*

Heft 5 Prof. Dr. HERBERT BECKERT / Über quasilineare hyperbolische Systeme partieller Differentialgleichungen erster Ordnung mit zwei unabhängigen Variablen. Das Anfangswertproblem, die gemischte Anfangs-Randwertaufgabe, das charakteristische Problem
68 Seiten – 8° – 1950 – DM 14,50 *(vergriffen)*

Heft 6 Prof. Dr.-Ing. ENNO HEIDEBROEK / Das Verhalten von zähen Flüssigkeiten, insbesondere Schmierflüssigkeiten, in engen Spalten
Nachdruck – 40 Seiten – 24 Abbildungen – 8° – 1952 – DM 5,80

Heft 7 Prof. Dr. HANS SCHUBERT / Über eine lineare Integrodifferentialgleichung mit Zusatzkern
52 Seiten – 8° – 1950 – DM 9,25 *(vergriffen)*

Heft 8 Dipl. phys. HELMAR KRUPP / Bestimmung der allgemeinen Lösung der Schrödinger Gleichung für Coulomb-Potential
28 Seiten – 8° – 1950 – DM 5,50 *(vergriffen)*

Band 98

Heft 1 Prof. Dr. WALTER SCHNEE / Über magische Quadrate und lineare Gitterpunktprobleme
48 Seiten – 8° – 1951 – DM 4,65 *(vergriffen)*

Heft 2 Prof. Dr.-Ing. ENNO HEIDEBROEK / Über die Beziehungen zwischen Schmierung und Verschleiß bei geschmierter Gleitreibung
Nachdruck – 36 Seiten – 5 Abbildungen – 8° – 1954 – DM 2,75

Heft 3 Prof. Dr.-Ing. e. h. KARL KEGEL / Der Salzstock Mirowo bei Provadia in Bulgarien
26 Seiten – 9 Abbildungen – 8° – 1951 – DM 3,– *(vergriffen)*

Heft 4 Prof. Dr. HERBERT BECKERT / Prof. Dr. HANS SALIÉ / Bemerkungen über die Verbiegung hyperbolisch gekrümmter Flächenstücke / Über Abels Verallgemeinerung der binomischen Formel
22 Seiten – 2 Abbildungen – 8° – 1951 – DM 2,25

Heft 5 Prof. Dr. ERICH STRACK / Die Dauerinfusion als Verfahren zur Erforschung des Kohlenhydratstoffwechsels des Tierkörpers
20 Seiten – 8° – 1952 – DM 2,– *(vergriffen)*

BERICHTE ÜBER DIE VERHANDLUNGEN DER SÄCHSISCHEN AKADEMIE DER WISSENSCHAFTEN ZU LEIPZIG

Mathematisch-naturwissenschaftliche Klasse
Band 103 · Heft 5

WOLFGANG LANGENBECK

ZUR BIOCHEMIE DER SPURENMETALLE

Mit Diskussionsbeiträgen
und 4 Tabellen

AKADEMIE-VERLAG · BERLIN
1959

Vorgetragen in der Sitzung vom 23. Februar 1959
Manuskript eingeliefert am 23. Februar 1959
Druckreif erklärt am 1. Juni 1959

Erschienen im Akademie-Verlag GmbH, Berlin W 1, Leipziger Str. 3-4
Copyright 1959 by Akademie-Verlag GmbH, Berlin
Alle Rechte vorbehalten
Lizenz-Nr. 202 · 100/740/59
Satz und Druck: IV/2/14 · VEB Werkdruck Gräfenhainichen · 1117
Bestellnummer: 2027/103/5
Preis: DM 1,–
Printed in Germany
ES 18 G 1

In den letzten Jahrzehnten ist man darauf aufmerksam geworden daß die Kulturpflanze und das Haustier zum guten Gedeihen minimaler Mengen gewisser Metalle bedürfen. Es sind vor allem Eisen, Kupfer, Magnesium, Mangan, Zink, Kobalt und Molybdän, die man unter dem Namen „Spurenmetalle" zusammenfaßt[1]). Einige von diesen Metallen, wie Eisen und Magnesium, kommen in den meisten Ackerböden in erheblichen Mengen vor, aber es sind nur verhältnismäßig kleine Mengen, die von der Pflanze aufgenommen werden. Man hat die Spurenmetalle auch als „anorganische Vitamine" bezeichnet.

Mangel an Spurenmetall äußert sich bei Pflanze und Tier in charakteristischen Erkrankungen. Zum Beispiel erkranken Schafe, Ziegen und Rinder bei Kobaltmangel an einer Art Anämie, bei Kupfermangel an der sogenannten Lecksucht. Auch bei den Kulturpflanzen treten bei Kupfermangel charakteristische Entwicklungsstörungen auf. Molybdän ist für die normale Eiweißsynthese der Pflanzen erforderlich. Es gibt noch viele andere Beobachtungen ähnlicher Art. Deshalb geht man heute zu einer systematischen Düngung mit Spurenmetallen über, wobei z. B. Rückstände der Metallverhüttung verwendet werden.

Für den Biochemiker erhebt sich sofort die Frage, welche Bedeutung denn nun die Spurenmetalle im Ablauf der Lebensvorgänge haben, welches der Mechanismus ihrer Wirkung ist. Wir können diese Frage heute eindeutig beantworten: Die Metalle sind als Bausteine von Fermenten unentbehrlich. Die ersten Beobachtungen über den Metallgehalt von Fermenten liegen schon mehrere Jahrzehnte zurück.

Im Jahre 1928, also etwa vor 30 Jahren, hat OTTO WARBURG in seinem Atmungsferment einen Eisen-Porphyrin-Komplex nachgewiesen. Seit damals datiert der Begriff der Häminfermente, der außer dem Atmungsferment noch die Cytochrome, die Katalase und die Peroxydase umfaßt.

[1]) Vgl. E. J. UNDERWOOD, Trace Elements in Human and Animal Nutrition, New York 1956. A. P. WINOGRADOW und M. TRÉNEL, Spurenelemente in der Landwirtschaft, Akademie-Verlag Berlin 1958.

Die Methode von WARBURG war sehr originell. Er bestimmte nämlich das Absorptionsspektrum des Atmungsfermentes auf chemischem Wege. Die Atmung, also die Sauerstoffaufnahme von Hefe, wird durch Kohlenoxyd gehemmt. Die Hemmung kommt dadurch zustande, daß das Atmungsferment an sein komplex gebundenes Eisenion das Kohlenoxyd anlagert und dadurch unwirksam wird. Durch Bestrahlung mit Licht läßt sich die Bindung zwischen Kohlenoxyd und Eisen lösen, das Atmungsferment wird wieder frei und erneut wirksam. Das Licht spaltet in diesem Sinne um so stärker, je mehr es vom Atmungsferment absorbiert wird. Die intensivste Spaltung, und damit die stärkste Reaktivierung des Atmungsferments tritt also bei den Wellenlängen der Absorptionsbanden auf. Bestrahlt man die Kohlenoxydhefe mit Licht verschiedener Wellenlänge, so erhält man durch gleichzeitige Messung der Atmung ein ,,Wirkungsspektrum", das in der Lage und relativen Höhe der Absorptionsbanden mit dem optischen Absorptionsspektrum des Atmungsferments identisch sein muß. Dieses Wirkungsspektrum hatte nun eine auffallende Ähnlichkeit mit dem Spektrum des Kohlenoxyd Hämoglobins, womit der Hämingehalt des Fermentes nachgewiesen war.

Viel jünger ist die Erkenntnis, daß die Eiweißanteile der Fermente, also die Apofermente, häufig spezifische und für ihre Wirkung unentbehrliche Metallionen enthalten. Es sind immer solche Metalle, die zur Komplexbildung neigen, und es kann kein Zweifel bestehen, daß sie auch in den Apofermenten komplex gebunden sind. Außer Eisen hat man noch Kobalt, Zink, Kupfer, Molybdän, Mangan und Magnesium gefunden.

Man unterscheidet meist Metallenzyme von den Enzym-Metallkomplexen. Metallenzyme enthalten die Metallionen sehr fest gebunden. Die Metalle bleiben bei der Reinigung im Enzym und können z. B. spektralanalytisch nachgewiesen werden. Während der Reinigung beobachtet man eine annähernde Proportionalität zwischen dem Reinheitsgrad des Ferments und dem Gehalt an spezifischem Metall.

Enzym-Metallkomplexe geben dagegen ihre Ionen bei der Dialyse leicht ab. Die Metallsalze müssen bei der Aktivitätsbestimmung erneut zugesetzt werden. Dabei wird das Ferment vollständig reaktiviert, und durch solche einfachen Messungen lassen sich die wirksamen Metallionen leicht feststellen. Bei den Metallenzymen ist nur ein einziges streng spezifisches Metallion wirksam, während in den

Enzym-Metallkomplexen sich oft mehrere Metallionen gegenseitig vertreten können.

In den Metallenzymen ist also das Metallion sehr fest, in den Enzym-Metallkomplexen sehr locker gebunden. Man sollte nun annehmen, daß es zwischen den beiden genannten Extremen alle Arten von Übergängen mit allen möglichen Bindungsfestigkeiten der Metallionen gibt. In der Tat scheint zu solchen Übergangsenzymen die Schweineleber-Esterase zu gehören, mit der ich mich gemeinsam mit Herrn Dr. KARL-ADOLF MÜLLER näher beschäftigt habe. Über den Metallgehalt dieses Enzyms war bisher noch nichts sicheres bekannt, wie überhaupt die Hydrolasen in dieser Richtung noch wenig erforscht sind.

Als Substrat der Leberesterase dient der n-Buttersäuremethylester, dessen Verseifung zu Buttersäure und Methanol titrimetrisch gemessen wird. Die freiwerdende Buttersäure wird dabei durch dauernde Zugabe kleiner Mengen von n/100 Natronlauge neutralisiert, so daß ein p_H-Wert von 8 aufrechterhalten bleibt. Die Anzahl verbrauchter ccm 0,01 n-Natronlauge in 30 Minuten ist dann ein Maß für die Aktivität der Fermentlösung. Natürlich findet die Verseifung in stark verdünnter wäßriger Lösung statt.

Das Verhalten der Schweineleber-Esterase bei der Dialyse ist bisher nur von dem Italiener RUFFO[1]) untersucht worden. Er dialysierte einen Lebertrockenpulver-Extrakt gegen Wasser und stellte eine Inaktivierung fest. Bei weiterer Dialyse nahm die Aktivität wieder zu und ging schließlich völlig verloren. Nach der ersten Inaktivierung konnte das Enzym durch Kupferionen wieder aktiviert werden. Diese Ergebnisse konnten wir nicht bestätigen.

Wir nahmen für unsere Versuche[2]) nicht einen einfachen Trockenpulverextrakt, sondern eine nach ROSENGART u. Mitarb.[3]) wesentlich gereinigte Esteraselösung, die wir zu unseren Versuchen stark verdünnten. Durch Dialyse gegen Wasser konnten wir das Enzym nur sehr langsam, aber kontinuierlich inaktivieren. Wesentlich schneller

---

[1]) A. RUFFO, Atti Reale Accad. Italia, Rend. Cl. Sci. fisiche, mat. natur. 4, 424 (1943).

[2]) Vorläufige Mitteilung: W. LANGENBECK und K. A. MÜLLER, Naturwiss. 45, 243 (1958). W. LANGENBECK und K. A. MÜLLER, Zeitschr. physiol. Chem., im Druck.

[3]) W. I. ROSENGART, S. A. KIBARDIN, E. J. BERNARDELLI und P. A. FINOGENOW, Doklady Akad. Nauk SSSR 82, 293 (1952).

nahm die Aktivität bei der Dialyse gegen Phosphatpuffer nach SÖRENSEN ab. Dabei zeigte sich die Geschwindigkeit der Inaktivierung von dem p_H-Wert des Puffers abhängig. Bei p_H 6–8,5 ist sie am größten, oberhalb und unterhalb dieser Werte wird sie erheblich kleiner. Beim Stehen der Fermentlösung mit Puffer ohne Dialyse nahm die Aktivität kaum ab.

Zur Dialyse wurden je 5 ccm verdünnte Enzymlösung in Cellophanbeuteln mit 1 Liter m/15 Phosphatpuffer bei 10° behandelt, wobei die Außenlösung mechanisch gerührt wurde.

Die bei der Dialyse gegen Phosphatpuffer inaktivierte Esteraselösung konnten wir durch Zugabe von 10^{-3} molaren Lösungen von Salzen des Zinks, Magnesiums, Nickels, Kupfers, Cadmiums, Kobalts, Mangans, Silbers und Calciums nicht wieder aktivieren.

Nun galt es, Anhaltspunkte zu gewinnen, ob der Verlust an Aktivität bei der Dialyse wirklich auf dem Weggang eines Metallions beruhte. Wir haben deshalb Komplexbildner auf die Enzymlösungen einwirken lassen. Auch die Phosphationen sind ja schon schwache Komplexbildner, und man konnte die raschere Inaktivierung bei Dialyse gegen Phosphat gut mit einer rascheren Herausnahme des Metallions erklären. In der Tat zeigt Tabelle 1, daß manche Komplexbildner das Ferment inaktivieren, wenn auch nicht vollständig. Verhältnismäßig am besten wirken Nitrosonaphthol und Salicylaldoxim.

Tabelle 1

Inaktivierung der Schweineleber-Esterase durch Komplexbildner nach 30 Min.

Komplexbildner	Konzentration	% der Ausgangsaktivität
1-Nitroso-naphthol-(2)	5.10^{-4}	58
Salicylaldoxim	5.10^{-3}	41
Alizarinsulfosäure	10^{-3}	66
8-Oxychinolin	10^{-2}	62
2,2'-Dipyridyl	4.10^{-2}	76
Äthylendiamintetraessigsäure	10^{-2}	100

Diese Versuche waren also nicht besonders charakteristisch, auch konnte man daraus keinen Schluß ziehen, welches Metall in der Esterase enthalten ist. Wir kamen nun auf folgenden Gedanken: Wenn man die Enzymlösungen mit verschiedenen Metallsalzlösungen behandelt, so sollte ein Austausch zwischen dem Enzymmetall und dem zugesetzten Metall stattfinden. Dabei müßten die Fremdmetalle eine Inaktivierung hervorrufen, das enzymeigene Metall dagegen nicht. Die ersten Versuche waren allerdings nicht besonders ermutigend. Tabelle 2 gibt die Versuchsergebnisse wieder. Es zeigte sich, daß alle untersuchten Metalle nur wenig inaktivierten, mit Ausnahme des Silbers und Quecksilbers.

Tabelle 2

Inaktivierung der Schweineleber-Esterase durch 10^{-3} molare Metallsalzlösungen nach 30 Min.

Metall	% der Ausgangsaktivität
Magnesium	89
Calcium	95
Mangan	78
Kobalt	92
Nickel	89
Kupfer	63
Zink	82
Silber	30
Cadmium	84
Quecksilber	9
Chlormercuribenzoat	77

Wir versuchten nun durch mehrere Maßnahmen zu eindeutigeren Ergebnissen zu kommen. Um einen besseren Metallaustausch zu erreichen, setzten wir m/15 Phosphatpuffer zu und dehnten die Versuchsdauer auf 70 bis 120 Stunden aus. Ferner entfernten wir das Enzymmetall durch gleichzeitige Dialyse gegen einen großen Überschuß von Phosphatpuffer und Metallsalzlösung. Letztere wurde in einer sehr geringen Konzentration von 10^{-5} Mol pro Liter angewandt, um Schädigungen des Enzyms zu vermeiden. Viel höher darf die Konzentration auch deshalb nicht sein, weil viele der untersuchten Metalle mit dem Phosphatpuffer sonst schwerlösliche Niederschläge geben würden. Das Ergebnis war nun ein ganz anderes und wie wir glauben sehr eindeutiges. Tabelle 3 gibt die Durchschnittswerte der Inaktivierungen in Prozent der Ausgangsaktivitäten wieder. Mit jedem Metall wurden eine Anzahl von Versuchen gleicher Art angestellt, und zwar mindestens 3 und höchstens 17, deren Ergebnisse sich nur um wenige Prozent unterschieden. Man ersieht aus der Tabelle, daß die meisten Metalle die Aktivität auf wenige Prozent herabdrücken, nur Kobalt, Nickel und Silber erhalten die Aktivität zum größeren Teil.

Wir maßen dann in der gleichen Weise auch die zeitliche Abnahme der Aktivität. Auch hierbei zeigte sich, daß bei der Dialyse gegen Kobalt-, Nickel- und Silberlösungen die Aktivität fast konstant blieb, während sie mit Kupfer, Calcium, Eisen(III) und reinem Puffer ständig abnahm.

Tabelle 3

Inaktivierung der Schweineleber-Esterase durch Dialyse gegen 10^{-5} molare Metallsalzlösungen in m/15 Phosphatpuffer p_H 7 (72–120 Stunden)

Metall	% der Anfangs-aktivität	Anzahl der Versuche
Magnesium	5,3	7
Aluminium	3,8	14
Calcium	0,8	15
Chrom	4,9	8
Eisen(II)	1,6	8
Eisen(III)	4,3	16
Mangan	5,3	6
Kobalt	85,0	17
Nickel	56,0	16
Kupfer	5,1	15
Zink	3,5	6
Silber	78,0	16
Cadmium	6,0	7
Quecksilber(II)	6,9	7
Palladium	3,0	3

Diese Ergebnisse waren für uns in mehrfacher Hinsicht unerwartet. Es ist zwar leicht zu verstehen, daß die chemisch nahe verwandten Metalle Kobalt und Nickel sich auch im Enzymversuch ähnlich verhalten. Dagegen fällt das Silber ganz aus der Reihe, es hat weder nach seiner Wertigkeit noch nach seinem Ionenradius mit Kobalt irgendeine Ähnlichkeit. Höchstens könnte eine Beziehung in der Komplexbildungstendenz bestehen. Daß bei einem früheren Versuch (Tabelle 2) gerade das Silber deutlich inaktivierte, beruht zweifellos darauf, daß bei dem Versuch ohne Dialyse die Silberkonzentration viel höher war.

Merkwürdig ist auch, daß nicht ein einziges, sondern drei Metalle die Aktivität erhalten. Man muß annehmen, daß sie sich gegenseitig vertreten können, und daß hierbei die Aktivität fast dieselbe bleibt. Die Spezifität der Metallionen ist also bei der Esterase nicht so groß, wie bei den anderen Metallenzymen. Es besteht schon eine Ähnlichkeit mit den Enzym-Metallkomplexen. Zum Unterschied von diesen ist aber die Esterase ohne das enzymeigene Metall nicht stabil. Entfernt man das Metall ganz oder ersetzt es durch ein inaktives Fremdmetall, so geht das Ferment rasch zugrunde, vielleicht durch Änderungen der Feinstruktur. Dies ist wohl auch der Grund dafür, daß die wirksamen Metallionen früher nicht festgestellt werden konnten. Da die Leber verhältnismäßig reich an Kobalt ist, nehmen wir an, daß dieses Metall in der nativen Schweineleber-Esterase enthalten ist.

Man könnte aber immer noch der Ansicht sein, daß unser Ergebnis überhaupt nichts mit dem wirksamen Metallion der Leberesterase zu tun hat, sondern daß durch Kobalt, Nickel und Silber nur irgendwelche enzymschädigenden Stoffe inaktiviert werden. Um diesen Einwand zu widerlegen, hat Herr Dr. Kurt Lange im physiologisch-chemischen Institut der Universität Rostock dieselbe Methode auf ein Enzym angewandt, dessen wirksames Metall durch Reinigung und spektroskopische Untersuchung einwandfrei festgestellt ist. Negelein und Wulff[1]) haben die Hefe-Alkoholdehydrogenase in reiner und kristalliner Form isoliert, und Vallee und Hoch[2]) konnten zeigen, daß Zink ihr charakteristisches Metallion ist. Das Apoferment der Alkoholdehydrogenase (ADH) überträgt zwei Wasserstoffatome des Äthylalkohols auf das Coferment Diphospho-pyridin-nucleotid (DPN), das dabei in die Hydroverbindung übergeht, während der Alkohol zu Acetaldehyd dehydriert wird:

$$CH_3{-}\overset{\displaystyle H}{\underset{\displaystyle OH}{C}}{-}H + DPN \xrightarrow{+\,ADH} CH_3{-}C\!\begin{smallmatrix} \diagup H \\ \diagdown\!\!\diagdown O \end{smallmatrix} + DPN\cdot H + H^{\oplus}.$$

Das DPNH zeigt eine Lichtabsorption im blauen Spektralgebiet bei 366 mμ. Die Messung der Extinktion bei dieser Wellenlänge er-

1) E. Negelein und H. J. Wulff, Biochem. Z. **289**, 436 (1936); **293**, 351 (1937).

2) B. L. Vallee und F. L. Hoch, J. Amer. chem. Soc. **77**, 821 (1955).

möglicht also eine Konzentrationsbestimmung und damit eine Bestimmung der Aktivität des ADH-Apoferments.

Durch Dialyseversuche gegen verschiedene Phosphatpuffer fanden wir die stärkste Abnahme der Aktivität von ADH bei p_H 5,4. Bei diesem p_H-Wert dialysierten wir deshalb eine verdünnte ADH-Lösung gegen $2{,}5 \cdot 10^{-5}$ molare Metallsalzlösungen.

Tabelle 4

Dialyse der Hefe-Alkohol-Dehydrogenase gegen $2{,}5 \cdot 10^{-5}$ molare Metallsalzlösungen in m/15 Phosphatpuffer p_H 5,4 (120 Std.)

Metall	% der Anfangsaktivität mit Dialyse	ohne Dialyse
Magnesium	< 1	88
Aluminium	< 1	89
Calcium	3	72
Chrom	3	73
Mangan	< 1	79
Kobalt	< 1	91
Nickel	< 1	95
Zink	20	94
Cadmium	~ 1	9

Tabelle 4 zeigt, daß bei der Dialyse gegen die meisten Metalle nach 120 Std. die Aktivität fast vollständig verschwindet, nur mit Zink bleibt sie zu 20% erhalten. Daß auch mit Zink ein Aktivitätsverlust eintritt, hängt mit der angewandten Metallionen-Konzentration zusammen. Mit 10^{-5} molaren Lösungen ist der Verlust noch wesentlich größer. Offenbar genügt auch die $2{,}5 \cdot 10^{-5}$ molare Konzentration des Zinks noch nicht ganz, um ein Abwandern von Zinkionen aus dem Apoferment zu verhindern. Viel höher konnten wir aber wegen der Schwerlöslichkeit des Zinkphosphats mit der Konzentration nicht gehen. Auf jeden Fall geht ja auch schon aus unseren Versuchen die Sonderstellung des Zinks eindeutig hervor. Sie kann nur so zu erklären sein, daß Zink das enzymeigene Metall der Alkoholdehydrogenase ist. Auch die Messung der zeitlichen Aktivitätsabnahmen bestätigt dies. Bei Gegenwart von Calcium, Chrom, Aluminium und Cadmium hält sich die Aktivität nur bis zu 50 Stunden, beim Zink beginnt sie erst nach 90 Stunden abzunehmen.

Das Ergebnis der „Austauschdialyse", wie wir unsere Methode nennen, stimmt also mit dem der rein analytischen Methode überein. Wir möchten daraus schließen, daß sich die Austauschdialyse auch in anderen Fällen mit Erfolg wird anwenden lassen, nämlich immer dort, wo die unmittelbare Analyse aus irgendwelchen Gründen nicht angewandt werden kann. Solche Fälle liegen vor, wenn das biologische Material nicht in genügend großen Mengen beschafft werden kann, um eine Reinigung und Kristallisation des Ferments herbeizuführen. Die Austauschdialyse muß auch überall dort angewandt werden, wo bei der Dialyse eine irreversible Inaktivierung eintritt, wie eben gerade bei der Leberesterase. Hat man einmal das enzymeigene Metallion mit unserer Methode festgestellt, so darf man hoffen, das betreffende Ferment durch dauernden Zusatz des Metallions während der ganzen Reinigung stabil zu erhalten. Eine weitgehende Reinigung der Leberesterase ist ja bisher gerade deshalb nicht geglückt, weil ihre Aktivität während des Reinigungsprozesses immer mehr abnahm.

Der Katalyse-Chemiker kann sich aber mit dem bloßen Nachweis von Metallionen in Enzymen nicht zufrieden geben. Er möchte vielmehr wissen, welche Funktion diesen Ionen zukommt. Es kann sich natürlich nur um eine katalytische Funktion handeln. Auch einfache Metallionen ohne Ferment haben häufig schon eine katalytische Wirkung, die aber, verglichen mit den Enzymen, nur sehr geringfügig ist. Es sieht also so aus, als würde die Aktivität der Metallionen durch komplexe Bindung an das Apoferment gewaltig gesteigert. Aufgabe des Chemikers ist es nun zu untersuchen, ob die Steigerung der Aktivität durch Komplexbildung etwa ein allgemeines chemisches Gesetz ist. Das ist nun durchaus nicht der Fall. Zum Beispiel geht die Wirkung der Eisenionen durch Komplexbildung mit Cyanionen völlig verloren. Es muß also andere Gesetzmäßigkeiten geben, welche die Komplexkatalyse beherrschen. Man wird sie nur an einfachen Komplexen feststellen können, bei denen sich die Ursache der Aktivität eindeutig erkennen läßt. Wir haben in der letzten Zeit zahlreiche Versuche mit Metallkomplexen ausgeführt und glauben dabei eine Vorbedingung gefunden zu haben, die erfüllt sein muß, wenn ein Komplex katalytisch aktiv sein soll. Der Komplex muß nämlich eine Koordinationslücke besitzen, die gar nicht oder nur locker besetzt ist, damit sich das Substrat dort an den Katalysator anlagern kann.

Darunter hat man folgendes zu verstehen: Jedes Metallion hat eine charakteristische Koordinationszahl, die ausdrückt, wie viele Atomgruppen sich an das Ion anlagern können. Sie ist z. B. beim Kobalt = 6, beim Kupfer = 4. Wählt man nun als komplexbildende Verbindung eine solche, die mehrere komplexbildende Atome oder Gruppen enthält, so erhält man sogenannte Chelate, die meist viel stabiler sind, als die einfachen Komplexe. Um ein Chelat mit Koordinationslücke zu bekommen, nimmt man einen Komplexbildner, der nicht ganz so viele komplexbildende Gruppen enthält wie die Koordinationszahl des Metallions beträgt. Ein Beispiel wird das sofort klarmachen.

PAUL PFEIFFER hat früher den Salicylaldehyd mit Äthylendiamin kondensiert und das Salicylaldehyd-äthylendiimin mit Kobaltsalzen zu Chelaten vereinigt. Der Komplexbildner besetzt von den 6 Koordinationsstellen des Kobalts nur 4, während 2 offenbleiben bzw. von Wasser locker besetzt werden. Wir haben, um die Verbindung wasserlöslich zu machen, noch zwei Sulfogruppen eingeführt und auf diese Weise folgenden „Chelatkatalysator" erhalten:

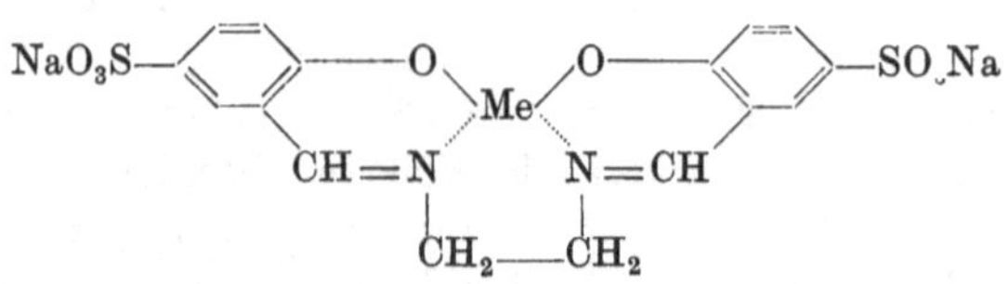

Das Kobaltchelat war bei gewissen katalytischen Reaktionen des Wasserstoffperoxyds 10000mal wirksamer als die freien Kobaltsalze. Hier haben wir also einen besonders lehrreichen Fall, wie durch Komplexbildung die katalytische Aktivität eines Metallions sehr verstärkt wird.

Mit demselben Typ von Chelaten konnten wir in der letzten Zeit nun auch eine Reaktion deutlich beschleunigen, die bereits mit der Alkohol-Dehydrogenase in nahem Zusammenhang steht. Benzyl-dihydro-nicotinsäure-amid wird bei Gegenwart von 9-Methylflavin durch Luftsauerstoff oxydiert, wobei Wasserstoffperoxyd und Benzylnicotinsäure-amid entstehen:

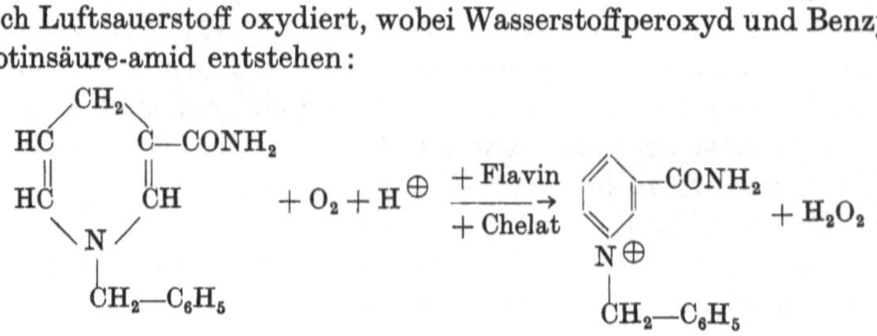

Diese Reaktion, die ein Modell für einen Teil der Atmungskette darstellt, wird durch Zinkionen kaum beeinflußt, durch das Zinkchelat des Sulfosalicylaldehyd-äthylendiimins aber immerhin auf den drei- bis vierfachen Wert beschleunigt. Benzyl-dihydro-nicotinsäure-amid ist ein vereinfachtes Modell für das hydrierte Coferment DPNH, das ja, wie wir sahen, unter der Wirkung der Alkohol-Dehydrogenase entsteht. Seine Bildung wird in der Natur durch ein Apoferment beschleunigt, das ebenfalls ein Zinkchelat, und zwar das eines Eiweißkörpers ist. Es ist sehr bemerkenswert, daß in beiden Fällen von Wasserstoffübertragung das Zink wirksam ist. Das ist doch ein Zeichen, daß hier engere Beziehungen im Wirkungsmechanismus bestehen, auch wenn im Modellversuch die Aktivitäten natürlich viel geringer sind, und neben Zink auch das Cadmium und das Molybdän katalysieren. Zweifellos handelt es sich um ein Apoferment-Modell.

Kurz erwähnen möchte ich nur noch, daß wir auch Aminosäuren und Peptide mit Erfolg zu ähnlichen Versuchen heranziehen konnten, die ja in ihrer Konstitution den Apofermenten viel näher stehen. Es sind also schon eine Reihe von Chelatkatalysen bekannt, welche die Wirkung der Metallionen in Metallenzymen unserem Verständnis näher rücken.

Der letzte Teil meines Vortrages sollte zeigen, daß man am besten die analytischen Versuche an den Enzymen mit synthetischen Versuchen an einfachen Enzymmodellen kombiniert. Keine Methode führt für sich allein zum Ziel, aber mit beiden gemeinsam wird es vielleicht möglich sein, sowohl die Aktivität als die Spezifität der Fermente zu verstehen. Zur Zeit sind wir allerdings von diesem Ziel noch weit entfernt.

Gestatten Sie, daß ich zum Schluß noch ganz kurz auf Zukunftsaufgaben der Spurenmetallforschung eingehe. Es wird vor allem nötig sein, die quantitative Seite der Lehre von den Spurenmetallen zu entwickeln. Wir kennen zwar bei vielen Fermenten genau die stöchiometrischen Mengen der darin enthaltenen wirksamen Metallionen, aber bei lebenden Organismen fehlen bisher alle Zahlenangaben über den Minimalbedarf an Spurenmetallen. Für die Vitamine sind solche Zahlen genau bekannt. Man interessierte sich frühzeitig für diese Werte, weil die notwendigen Minimalmengen nicht in jeder Nahrung mit Sicherheit enthalten sind. Es war eine wichtige Aufgabe der Lebensmittelchemie, durch genaue Bestimmung der Bedarfszahlen und der Vitamingehalte in Nahrungsmitteln die tägliche Deckung des Bedarfs sicherzustellen.

Bei den Spurenmetallen ist dies anders. Ein unmittelbares praktisches Bedürfnis für die Feststellung der Minimalbedarfszahlen liegt zunächst nicht vor, weil wir im allgemeinen immer einen Überschuß an Spurenmetallen mit der Nahrung zu uns nehmen. Trotzdem ist es bei genauerer Betrachtung für die Medizin notwendig, diese Zahlen zu kennen. Wir wissen seit langem, daß manche Krankheitserreger einen anderen Vitaminbedarf haben als der Mensch. Es ist durchaus denkbar, daß dies auch für den Bedarf an Spurenmetallen zutrifft. Wäre z. B. der Bedarf irgendwelcher pathogener Organismen oder auch der Krebszellen an einem oder mehreren Spurenmetallen größer als im normalen menschlichen Gewebe, so könnte man die Therapie durch eine Diät unterstützen, die bezüglich der Spurenmetalle an der unteren Grenze der Verträglichkeit liegt.

Der einfachste Weg zur Feststellung der Metallbedarfszahlen scheint auf den ersten Blick die Analyse von Aschebestandteilen der Organismen selbst zu sein. Über solche Analysen von normalen und pathologischen Geweben gibt es eine riesige Literatur, die recht unerfreulich ist. Die Angaben der einzelnen Autoren gehen sehr weit auseinander und widersprechen sich oft. Wir wissen heute auch, worauf dieser Mißerfolg beruht. Jede lebende Zelle besitzt die Fähigkeit, über ihren unmittelbaren Enzymbedarf hinaus Spurenmetalle durch komplexe Bindung zu speichern. Je nach der aufgenommenen Nahrung können also die Metallmengen sehr verschieden sein.

Der einzige Weg zu einer exakten Bestimmung der minimalen Bedarfsmengen besteht darin, daß man die betreffenden Organismen längere Zeit mit einer Nahrung von genau bekanntem Metallgehalt ernährt und zusieht, wie weit man ohne Schädigung mit den Metallkonzentrationen heruntergehen kann.

Solche Versuche werden bei Mikroorganismen und Gewebskulturen zweifellos möglich sein. Man kann voraussehen, daß sie bei Versuchstieren viel schwieriger sein werden, aber es wird trotzdem nützlich sein, sie in Angriff zu nehmen.

DISKUSSIONSBEITRÄGE

ANTON ARLAND: Im Rahmen unserer Versuche hatten wir Gelegenheit festzustellen, daß bei Hafer durch bestimmte $CuSO_4$-Gaben starker Manganmangel auftrat. Näheres hierüber wird in Kürze Herr Dr. ENZMANN in einer größeren Abhandlung ausführen, insbesondere auch im Hinblick auf die Erklärung dieser Wechselwirkung. Weitere Untersuchungsbefunde ließen erkennen, daß die Spurenmetalle die Wasserabgabe der Pflanzen in Dampfform in hohem Maße beeinflussen. Optimale Gaben von Spurenmetallsalzen bewirkten ganz besonders niedrige relative Transpiration. Analysen von Heuproben aus Weidepflanzenbeständen ergaben oft sehr erheblichen Mangel an Spurenmetallen. Im Hinblick auf die große wirtschaftliche Bedeutung dieses Tatbestandes wird dieses Problem Gegenstand von Gemeinschaftsuntersuchungen sein, an denen sich auch das Institut für Tierernährung der Landwirtschaftlichen Fakultät in Jena beteiligt.

MAX BÜRGER: Da das Zink im Insulin organisch gebunden ist, müßte man durch eine Zinkbestimmung im Blute vielleicht einen Hinweis auf die Menge des zirkulierenden Insulins gewinnen können. Es käme nur darauf an, dieses organisch gebundene Insulin-Zink von den übrigen Zinkkomponenten des Serums zu trennen.

Enthält auch das Glukagon nach Ihrer Auffassung Zink?

WOLFGANG LANGENBECK: Zink ist außer im Insulin in vielen anderen Proteinen gebunden. Eine Trennung wird kaum möglich sein. Auch das Glukagon enthält Zink.

KURT SCHWABE: Der Austausch von Schwermetallionen zwischen dem Enzym und der Dialysatorflüssigkeit wäre meines Erachtens leicht dadurch nachzuweisen, daß man die Lösung der Ionen im Dialysiergefäß markiert. Besonders günstig liegen die Verhältnisse bei Kobalt. Auf diese Weise könnte man den Nachweis eines Ionenaustausches meines Erachtens noch viel eindeutiger führen.

ARTHUR SIMON: Durch den Zusatz von Phosphorsäure zu den Schwermetallsalzlösungen wird die Dissoziation derselben als Phosphate auf einen minemalen Betrag herabgesetzt. Es würde mich deshalb interessieren, ob bekannt ist, wie trotz dieser Wirkung der Phosphorsäure bei ihrem Zusatz die Dialysegeschwindigkeit gesteigert wird.

Die alleinige Bestimmung der Konzentration der Spurenelemente läßt m. E. keinen Rückschluß auf ihre katalytische Wirksamkeit zu. Es ist vor allen Dingen der Bindungszustand, der eine große Rolle spielt. Freie Kobalt-Ionen wirken bei eisenrefraktären Anämiefällen auch in geringster Konzentration Übelkeit erregend und Nebenerscheinungen erzeugend, während eine viel größere Konzentration von Kobalt in bestimmter komplexer Form, keine Nebenerscheinungen bringt. Die komplexen Kobaltsalze bringen eine enorme Steigerung der Retikolozyten und die näheren Gefolge starke Vermehrung der Erythrozyten. Es ist allerdings zu bemerken, daß bei Gegenwart von Eiweißkörpern günstige Bedingungen für eine Komplexbildung gegeben sind. Der komplexe Bindungszustand bringt eine Depotwirkung mit sich.

WOLFGANG LANGENBECK: Nach unseren Versuchen wirkt die Phosphorsäure beim Metallionen-Austausch ganz spezifisch. Über den Mechanismus ist noch nichts bekannt.

ERICH STRACK: 1. Die Frage, ob und inwieweit bestimmte Metallsalze bei der Dialyse schädigen, ließe sich vielleicht klären, indem man die schädigenden mit den nichtschädigenden gemischt zur Dialyse bringt.

2. Tiere spurenelementfrei zu machen ist außerordentlich schwierig. Komplexbildner sind noch nicht genügend sicher im Tierkörper zur Metallausschaltung einzusetzen. Bei Bakterien sind mehrfach derartige Element-Mangel-Untersuchungen ausgeführt worden. Aussichtsreicher scheint der Weg, Spurenelemente durch antagonistisch wirkende Elemente auszuschalten, z. B. Molybdän in der Nitratreduktase wird durch 10^5-fachen Überschuß an Wolfram ausgeschaltet.

3. Zu Herrn Bürgers Diskussionsbemerkung: Die Insulinwirkung ist nicht durch Zinkmangel herabzudrücken. Zink ist im Tierkörper in mehrtausendfachem Überschuß vorhanden, und Insulin hat für Zink eine hohe Komplexbindungskonstante.

WILHELM TREIBS: Lassen sich Spurenmetalle nicht durch ein chromatographisches Verfahren anreichern und eventuell quantitativ erfassen?

WOLFGANG LANGENBECK: Dazu ist wahrscheinlich die Konzentration der Spurenmetalle zu gering. Wir machen zur Zeit Versuche mit makromolekularen Chelatbildnern.

Fortsetzung von der 2. Umschlagseite

Band 99

Heft 1 Prof. Dr. HEINRICH BRANDT / Über das quadratische Reziprozitätsgesetz
18 Seiten – 8° – 1951 – DM 1,90 *(vergriffen)*

Heft 2 Prof. Dr. GEORG SPACKELER / Der Gebirgsdruck und seine Beherrschung durch den Bergmann
36 Seiten – 12 Abbildungen – 8° – 1951 – DM 1,65 *(vergriffen)*

Heft 3 Prof. Dr. ERNST DIEPSCHLAG / Die Anwendbarkeit der Regelungstechnik in der Hüttenindustrie
38 Seiten – 12 Abbildungen – 8° – 1952 – DM 3,90

Heft 4 Prof. Dr. ALBERT FROMME / Die Bedeutung der Entwicklungsgeschichte, besonders des Mesenchyms für die Klinik
24 Seiten – 8° – 1952 – DM 1,75 *(vergriffen)*

Heft 5 Dr. ROBERT BÖKER / Die Entstehung der Sternsphäre Arats
68 Seiten – 4 Abbildungen – 2 Ausschlagtafeln – 3 Tabellen – 8° – 1952 – DM 5,60

Band 100

Heft 1 Prof. Dr. HEINRICH BRANDT / Über Stammfaktoren bei ternären quadratischen Formen
24 Seiten – 8° – 1952 – DM 2,25

Heft 2 Dr. PAUL GÜNTHER / Zur Gültigkeit des Huygensschen Prinzips bei partiellen Differentialgleichungen vom normalen hyperbolischen Typus
43 Seiten – 8° – 1952 – DM 5,–

Heft 3 Dr. ALFRED MÜLLER / Die Schaubarkeit in der Axonometrie
22 Seiten – 3 Ausschlagtafeln – 8° – 1952 – DM 3,–

Heft 4 Prof. Dr.-Ing. ENNO HEIDEBROEK / Die Beziehungen zwischen Härte, Schmierung und Verschleißfestigkeit
Nachdruck – 40 Seiten – 10 Abbildungen – 8° – 1954 – DM 3,40

Heft 5 Prof. Dr. ROBERT SCHRÖDER / Frauenheilkunde in Forschung und Praxis
22 Seiten – 8° – 1952 – DM 1,35

Heft 6 Dr. ROLF REISSIG / Die pandiagonalen Quadrate vierter Ordnung
54 Seiten – 8° – 1952 – DM 5,–

Heft 7 Prof. Dr. MAX ROBITZSCH † / Die Erforschung der Atmosphäre, ihre Methodik und ihre Probleme
30 Seiten – 12 Abbildungen – 4 Kunstdrucktafeln – 8° – 1953 – DM 2,50

Band 101

Heft 1 Prof. Dr. KURT SCHWABE / Periodische Erscheinungen bei der anodischen Auflösung des Zinks
33 Seiten – 14 Abbildungen – 8° – 1954 – DM 3,–

Heft 2 Dr. UDO PIRL / Positive Lösungen einer nichtlinearen Integralgleichung
44 Seiten – 2 Abbildungen – 8° – 1953 – DM 4,–

Heft 3 Dr. JOACHIM FOCKE / Asymptotische Entwicklungen mittels der Methode der stationären Phase
2. unveränderte Auflage – 48 Seiten – 8° – 1957 – DM 4,80 *(vergriffen)*

Heft 4 Prof. Dr. HANS SALIÉ / Zur Verteilung natürlicher Zahlen auf elementfremde Klassen
26 Seiten – 8° – 1954 – DM 2,50

Heft 5 Prof. Dr.-Ing. ENNO HEIDEBROEK / Die Verantwortlichkeit des Ingenieurs
22 Seiten – 8° – 1954 – DM 1,–

Heft 6 Prof. Dr. HANS SCHUBERT / Dr. ERICH SCHINCKE / Zur Ermittlung von Unterschallströmungen mit der Transformationsmethode bei quadratischer Approximation der Adiabate
32 Seiten – 6 Abbildungen – 2 Tabellen – 8° – 1955 – DM 2,30

Heft 7 Dr. HELMUT SCHAEFER / Neue Existenzsätze in der Theorie nichtlinearer Integralgleichungen
40 Seiten – 8° – 1955 – DM 2,40

Band 102

Heft 1 Dr. PAUL GÜNTHER / Über einige spezielle Probleme aus der Theorie der linearen partiellen Differentialgleichungen zweiter Ordnung
50 Seiten – 8° – 1957 – DM 4,60 *(vergriffen)*

Heft 2 Prof. Dr. HANS SCHUBERT / Dr. ERICH SCHINCKE / Zum Konturproblem der Hodographenmethode im Unterschall
25 Seiten – 8° – 1957 – DM 2,20

Heft 3 Prof. Dr. FRANZ RUNGE / Über die Polymerisation ungesättigter organischer Verbindungen
13 Seiten – 1 Tabelle – 8° – 1957 – DM 1,–

Heft 4 Dr. VICTOR VALCOVICI / Une extension des liaisons non holonomes et des principes variationnels
39 Seiten – 8° – 1958 – DM 2,40

Heft 5 Dr. ROLF KLÖTZLER / Beiträge zur Theorie mehrdimensionaler Variationsprobleme mit geknickten Extremalen
72 Seiten – 8° – 1958 – DM 4,30

Heft 6 Prof. Dr. PAULA HERTWIG / Strahlenschäden und Strahlenschutz im zellulären Bereich
43 Seiten – 14 Abbildungen – 6 Tabellen – 4 Tafeln – 8° – 1957 – DM 2,–

Heft 7 Prof. Dr. WILHELM TREIBS / Entwicklungslinien der organischen Chemie
25 Seiten – 8° – 1957 – DM 1,40

Band 103

Heft 1 Prof. Dr. GEORG SPACKELER / Über die Möglichkeit einer Lieferung von Magnesiumsulfat als Düngemittel seitens des Kalibergbaus der Deutschen Demokratischen Republik
Prof. Dr. ANTON ARLAND / Magnesium im Landbau
38 Seiten – 1 Abbildung – 2 Landkarten – 8° – 1958 – DM 1,90

Heft 2 Prof. Dr. HEINRICH BREDT / Über den Tod. Eine naturwissenschaftliche Betrachtung
26 Seiten – 8° – 1958 – DM 1,10

Heft 3 Dr. HANS WUSSING / Über Einbettungen endlicher Gruppen
38 Seiten – 8° – 1958 – DM 2,50

Heft 4 Prof. Dr. ERNST NEEF / Über die Veränderlichkeit unserer geographischen Umwelt
19 Seiten – 8° – 1959 – DM 1,20

Heft 5 Vorliegendes Heft

Bestellungen durch eine Buchhandlung erbeten

THEORIA CUM PRAXI

AKADEMIE-VERLAG · BERLIN

FSC
www.fsc.org
MIX
Papier | Fördert gute Waldnutzung
FSC® C083411

Zeitfracht Medien GmbH
Ferdinand-Jühlke-Straße 7
99095 Erfurt, Deutschland
produktsicherheit@kolibri360.de